LOCUS

LOCUS

LOCUS

LOCUS

領導者。這個「者」是多數，各部門的主管都是領導者。

——施振榮

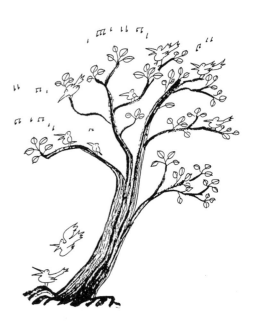

再造的時機與流程

光改變組織架構
不足以解決問題

施振榮 著

蔡志忠 繪

總序

《領導者的眼界》系列，共十二本書。
針對知識經濟所形成的全球化時代，十二個課題而寫。
其中累積了宏碁集團上兆台幣的營運流程，以及孫子兵法的智慧。
十二本書可以分開來單獨閱讀，也可以合起來成一體系。

施振榮

這個系列叫做《領導者的眼界》，共十二本
書，主要是談一個企業的領導者，或者有心要成為
企業領導者的人，在知識經濟所形成的全球化時
代，應該如何思維和行動的十二個主題。

這十二個主題，是公元二〇〇〇年我在母校交
通大學EMBA十二堂課的授課架構改編而成，它彙
集了我和宏碁集團二十四年來在全球市場的經營心
得和策略運用的精華，富藏無數成功經驗和失敗教
訓，書中每一句話所表達的思維和資訊，都是真槍
實彈，繳足了學費之後的心血結晶，可說是累積了

台幣上兆元的寶貴營運經驗，以及花費上百億元，經歷多次失敗教訓的學習成果。

除了我在十二堂EMBA課程所整理的宏碁集團的經驗之外，《領導者的眼界》十二本書裡，還有另外一個珍貴的元素：孫子兵法。

我第一次讀孫子兵法在二十多年前，什麼機緣已經不記得了；後來有機會又偶爾瀏覽。說起來，我不算一個處處都以孫子兵法為師的人，但是回想起來，我的行事和管理風格和孫子兵法還是有一些相通之處。

其中最主要的，就是我做事情的時候，都是從比較長期的思考點、比較間接的思考點來出發。一般人可能沒這個耐心。他們碰到問題，容易從立即、直接的反

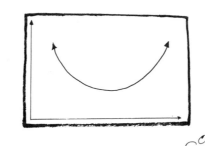

應來思考。立即、直接的反應，是人人都會的，長期、間接的反應，才是與眾不同之處，可以看出別人看不到的機會與問題。

和我共同創作《領導者的眼界》十二本書的人，是蔡志忠先生。蔡先生負責孫子兵法的詮釋。過去他所創作的漫畫版本孫子兵法，我個人就曾拜讀，受益良多。能和他共同創作《領導者的眼界》，覺得十分新鮮。

我認為知識和經驗是十分寶貴的。前人走過的錯誤，可以不必再犯；前人成功的案例，則可做為參考。年輕朋友如能耐心細讀，一方面可以掌握宏碁集團過去累積台幣上兆元的寶貴營運經驗，一方面可以體會流傳二千多年的孫子兵法的精華，如此做為個人生涯成長和事業發展的借鏡，相信必能受益無窮。

目錄

前言

- 企業有一點點再造，是經營的一個常態。
- 企業經營成功越久，當他發現錯誤要再造的時候，所費的功夫就越大。

　　企業的再造好像是八〇年代的後期，在美國才開始比較流行；當時可能是因為「日本第一」所產生的刺激，美國人就開始檢討，然後就提出了一個論點：美國企業可能是因為在哪裏出問題了，所以必須整個用再造的方法，才能全面提昇美國企業的全球競爭力。我現在在看這件事情，就發現企業有一點點再造，是經營的一個常態。

　　當企業經營的問題累積了很久，沒有演進的話，就會突然發現，怎麼狀況不對了？你的目標、做法、整個組織架構都不合時宜了；那時候，你就會認為應該要「動刀」了，要來一個再造。尤其企業經營成功越久，當他發現錯誤要再造的時候，所

費的功夫就越大。

　　通常最足以判斷是否需要「動刀」的癥兆有幾個：一、獲利、市場佔有率等等，業務方向連續幾個月，幾個季持續下降，絕不會是偶發的現象。二、人才流動異常。三、底層很多反應，但是推動不了，產生無力感。會造成這些現象，則不外乎：一、產業的典範轉移。二、組織太大，太複雜。

　　很不幸的是，企業再造的成功率不見得很高；甚至再造了半天，可能還一無所成的時候，就要再面對一個新的環境，還要再繼續動腦筋了。實質上，經常有很多企業再造不成功，結果就垮掉、關門了。這個跟人的身體一樣，身體有問題，要動手術，如果不成功，可能就會危及生命。

爲何需要再造？

- 內外在環境改變
- 產業典範移轉
- 為了加強競爭力
- 為了生存
- 僅改變組織架構不足以解決問題

爲什麼企業需要再造呢？一方面就是外面客觀環境不斷地在變，當然組織內部也同時在變。實質上，另外從人生的意義來講，如果沒有挑戰，沒有變的話，恐怕也會很無聊；所以，再造實際上也是蠻有意思、蠻挑戰的。

其實，整個客觀環境，不只是大環境而已，甚至於整個做生意的型態，也是不斷在變的。像網際網路來了，是不是所有產業的生意型態都要改變！企業爲了不斷地加強競爭力，甚至於爲了生存，當然不得不再做必要的再造工作。

我想，在我所介入的領域裏面，我們看得見的有三個產業：一個是個人電腦（PC）。大家知道 PC

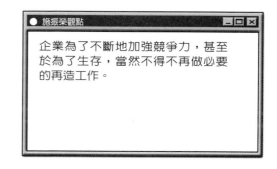

的出現，由於有產業開放的標準，造就了微軟跟英代爾之後，同時也正式宣告了，傳統電腦公司的經營模式，是完全不具競爭力的；而整個資訊產業，也因此變成一個分工整合的經營模式。這個等於是由於電腦的作業系統及中央處理器（CPU）變成標準之後，因為客觀環境改變，所產生經營環境的變化，使得相關的企業都必須去再造，否則可能會面臨無法生存的壓力。

第二個當然是半導體。早期的半導體也都是所謂「整合性元件製造」（Integrated Device Manufacturing；IDM），就是在同一家公司從頭做到尾的生產模式。我是在三十年前，開始進入這個產業，當時台灣剛好開始接封裝（Packing）代工的生意；實際上，所有那些做封裝的工廠，全部都是美國的半導體公司，因為當時台灣的人工比較多而且便宜，所以他就移到這邊來生產。一直演進到現在，還出現所謂「晶圓代工」這種代工的模式。

如果你看軟體（Software）產業的演進，是從傳統的專案設計軟體開始，到已經蔚為風尚的套裝軟體（Software Package），一直演進到現在正在發生中，還沒有成熟的所謂「網路軟體租賃服務」（Application Software Provider；ASP）。ASP 的觀念等於軟體都是用租的，不需要一次花高價買斷，而

重新思惟，重新裝配自己，朝向新訂的目標。

是用多少就付多少；等於是把軟體的應用習慣，像
用電一樣或用水一樣，只要打開水龍頭，用多少付
多少。當整個軟體使用的觀念改變了以後，當然對
整個企業經營的模式，都會產生很大的變化。

再造的範圍

● 重整組織架構
● 改變事業重點
● 重新定義經營理念
● 重新設計事業流程
● 重新分配資源

　　其實，企業再造，並不只是改變組織的架構而已，甚至於連經營理念也要改變。像日本人在九〇年代初期就看到美國再造，他也要再造，講了很多；每次我到日本去拜訪，總是會聽到他們要再造，不過，實質上他們再造的效果是不彰的。

　　到底再造的範圍有多大呢？當然，馬上看得見的就是組織：把某些人或某些組織削減就是再造的一種形式，這個也是比較看得見的東西；實質上，這種做法的成效是有限的。比如說，我在 1996 年提出了「生生不息的競爭力」，就是對台灣的競爭力提出我的見解，我認為組織的精簡是屬於比較低層次的枝節問題，反而是理念性的東西，是更接近

問題的核心。

　　譬如，組織再造的時候，我們對所有成員管理的基本理念，到底是人性本善？還是人性本惡？因為，你要管那麼多的人，管一個社會，到底他出發點的理念是什麼？這個理念是不是大家都認同了？不只是口頭上講而已，這個理念實際上是變成再造的源頭了。

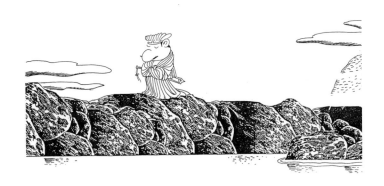

另外一個是從生意的角度來看。原來你在做這個生意，當事業的重點改變時，如 Intel 丟掉 DRAM（動態隨機存取記憶體）的業務，這個是一個很大的決策。當 TI（美商德州儀器）決定集中資源在 DSP（Digital Signal Processor；數位訊號處理器）的業務時，他不只是丟掉電腦的業務，又把 DRAM 的業務也丟掉，這兩個都跟宏碁有關，我們等於是他再造的一部份。

　　像這種事業重點的轉移，其實是企業再造很關鍵的東西，可能比組織的再造，還要重要很多，因為企業經營的方向及模式可能會完全地改觀。實際上，當你投入了一個產業後，有些情況可能是做虛工的，不管做多少，反正是做越多虧越多。像宏碁退出美國的消費者市場，就是因為那是做越多虧越多的生意，所以我們下了一個這麼重要的決策。當然，對整個宏碁集團來講，這個決策還沒有大到整個生意範圍的完全改變；但是，如果你做了半天，都是虛工、無利可圖的話，為什麼還要做？像這個都是要重新考量的，畢竟經營的理念是會改變的。

比如說，宏碁在再造的時候提到：「無功不受祿」、「不在其位，不謀其政」等觀念；也就是說，今天在這個流程裏面，如果我的參與沒有任何附加價值的話，從網路式的組織來看，就不要經過我了。本來舊式的流程設計都是按部就班，依照一定的流程；現在我們在準備充份的情況下，儘量的縮短流程，儘量的跳過一些沒有附加價值的地方，這個都是從流程思考上的再造。

　　今天整個生意模式改變了，組織調整了，整個投入的資源，從人力、物力來講，可能有不同的考量，當然資源的分配也會產生變化。比如說，宏碁要進入軟體投資（Soft Capital）、數位服務（Digital Service）及關鍵性的零組件的時候，當然需要一些人力資源；因此我們就要考量是否要把組織的重兵，或者像我的時間，分配、佈署到我們準備再去發展的方向？這些都是與整個再造範圍有關的問題。

再造的策略與流程

- 改變 CEO 的腦袋或更換 CEO
- 溝通與共識
- 由上而下，全企業進行
- 安排共同利益
- 將目標不明確的大組織架構，重整為許多個目標簡潔、清楚的小單位
- 追求速度、快速地產生效果

從策略上的考量來說，一個企業龍頭當然是很重要的角色，所以，企業要再造的時候，不換 CEO（執行長）是不可行的。嚴格說起來，人可以不換，不過，腦袋一定要換，觀念換了也是可以接受的；其實這種做法在實務上是比較有效地，因為傳承等各方面的掌握度比較高。如果 CEO 不換腦袋、不換理念、不換觀念的

重新換個思惟的方式…

話，那乾脆換一個人；很多企業的再造，都是這樣才成功的，換個人才有機會成功。

如果舊有的掌舵者根本不換，而 CEO 又沉緬於舊日的光環，一直以為以前那麼成功，做事又那麼用心，現在一定是環境不對或者同仁不配合，否則為什麼做不出所以然來？CEO 如果這樣想的話就完了。當然，家族企業往往換不了老闆，大家就只好自求多福，而這種企業長遠來看，大概也只能慢慢地萎縮。在美國就沒有這個現象，如果 CEO 有沉緬舊日光環的觀念，可能突然有一天，董事會開會以後，位子就不見了，就被換掉了。

第二個是說，由於再造的過程是很長很長的，所以溝通變得是非常的重要；再造的過程需要很多

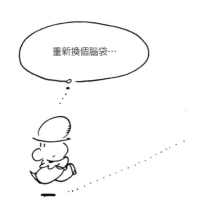

的溝通，一定要取得共識，沒有共識之前，就是要一再的溝通。由上而下，全企業進行，就是說再造要從上面主管開始，然後是全企業性的做溝通；在經過集思廣益後，形成最後的決策。當已經決定新的再造，不管是理念，或者是組織敲定了以後，應該是由上而下，很快的整個組織做一個溝通；在這個過程裏面，一定要考慮到絕大多數人的共同利益。

　　一般而言，再造比較容易成功的方法就是化繁為簡，我們一定要想辦法把流程化繁為簡。如果你原來的工作都已經是那麼難了，要改變成更複雜的東西，大概會無法應付吧！化繁為簡的意思就是丟掉一些不專精或無法聚焦的工作。像宏碁的經驗是，把一個砍成十個比較簡單；因為只有一個組織的時候，規模可能會太大了，目標也容易模糊；如果把他砍成十個比較簡單的組織，來各自為政，自己來管，績效可能會高很多。就是一定要想辦法化繁為簡，比較能聚焦來做，才有機會成功。

因為再造是一個很長期的工作，所以，在這個過程裏面，要想辦法把整個目標明確化；當我們能夠確認一些東西後，績效就馬上能夠表達出來。因為經過再造之後，往往能夠很快地成功，累積這些小成功後，自然就會產生更多的信心，再造成功的機會也會大增。

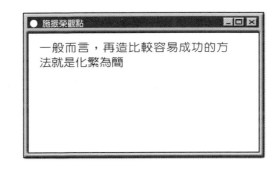

● 施振榮觀點

一般而言，再造比較容易成功的方法就是化繁為簡

再造成功的關鍵因素

- 危機感
- 接受重大改變
- 多數員工的支持
- 高階主管有承諾
- 員工有信心
- 清楚的藍圖

在再造的過程裏面，成功關鍵的要素，當然與組織的危機意識有關。一般來講，組織越大，危機意識是越少的、越差的，所以，人少是很重要的。不過，在人少的時候，他的再造是不留痕跡的；爲什麼？因爲人少，他的溝通、共識很快，所以他的改變動作很快；當他在改變的過程裏面，並沒有把它命名叫做再造，沒有特別的感覺，實際上卻已經是不斷地再造了。所以，在組織小的時候，是沒有所謂再造的觀念，除非是重大的改變。

如果小的組織危機意識會比較快、比較強一點，那麼，大的組織呢？大的組織要再造之前，更是一定要有危機意識；因爲再造對組織而言，是一

個非常大的變化，所以他一定要能夠接受這些變化，要很多的同仁非常的支持，加上很多高級主管的承諾。這些承諾絕對不是講講而已，高級主管的行為、很多的行動，必須要表現出非常的積極態度，才可以引領上行下效的再造風潮。

　　組織一大，或是順境久了，危機意識就變淡。少數人的危機意識，不是組織的危機意識；多數人有危機意識，才是組織的危機意識。危機意識還是由上而下，比較有效，比較可以綜合說明。上面不論怎麼吵，一定要有其共識；再往下，再往下，這樣才不會人心惶惶，人人自危。危機意識，本來就應該造成緊張感，但是要如何緊張到恰到好處？

　　有兩個注意點：一、要澄清流言。要讓同仁知道：如果真有什麼消息，一定是首先讓同仁知道。二、現在的同仁，與其說是擔心丟了差事的問題，更該說他們是在擔心會不會換了老闆，又要重新建

立關係的問題。

在決定再造的方向時，一方面要透過溝通、透過共識、透過共同利益的建立(Common Interest Setting)，在大家還沒有動之前，能夠先建立信心，往往會有事半功倍的效果。就像病人要開刀的時候，醫生要告訴他病因和要怎麼處理，並分析以現在醫學技術的水準，應該不會有什麼問題等等，就是要建立病人的信心。

把一隻笨重巨大的雷龍變為10隻小而飢餓的迅猛龍就是最有效率的再造。

但是，爲什麼還要快速地產生效果（Quick Win）？原因就是再造的過程實在是太長了；今天開完刀後，如果要六個月才能恢復，而在兩、三個禮拜內，沒有看出一些恢復跡象的話，病人的信心就會喪失。所以，整個再造工程中，因爲距離實在是非常遙遠，所以，恢復的進度也變成非常的重要。當然，到底企業要再造到哪一個方向？新的藍圖一定要非常的清楚，才不會白做工。

簡單！

老闆！我們應該如何再造才能變得更有效率？

對再造的正確認知

- 不容易
- 需要時間（可能數年）
- 失敗案例較成功案例多
- 先苦盡，才能甘來
- 口說改變於事無補，除非由行動改變起

　　我們對企業再造，應該要先有一個正確的認知：第一個，企業再造實在是不容易，絕對是不容易的大工程，而且需要很長的時間。以宏碁為例，我們就是在規模差不多十億美金左右的時候，進行再造，從有動作到真正執行，前後大概花了三、四年。因為前面熱身準備就好幾年，真正採取行動後，可能也要一、兩年，才會產生效果；但是，光是前面要找到要怎麼做才是對的方向，以及要擺平很多人的想法，都是需要相當長的時間。IBM 的再造恐怕也差不多，花了五年以上的時間。

　　另外，有一些組織則是有不同的結局：像我有一天跟飛利浦（Philips）的人在談，他說他們的組

織再造，從「策略事業單位」
（Strategic Business Unit；SBU）
及「區域事業單位」（Regional
Business Unit；RBU）兩種運作
模式變成「全球事業單位」

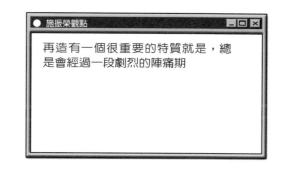

（Global Business Unit；GBU），這個概念已經談了
十年了，還沒有完全轉過來！當然，大部份的都已
經完成了，但是很多心態、很多想法、很多困難，
都是很需要時間的。所以，再造成功的機率，實際
上並不是很高的。

　　但是，再造有一個很重要的特質就是，總是會
經過一段劇烈的陣痛期，你要有心理的準備；但
是，陣痛完了以後，眞的就會很舒暢。所以，我們
不能像日本一樣，只是口頭上在講再造，如果沒有
行動的話，是不可能往前動的。

IBM 的再造

- 尋求外包，增加競爭力
- 技術讓外人也可享用
- 為其他公司服務
- 專注於服務與電子商務事業

這裡我們就以 IBM 為例，來做一些關於企業再造的探討。IBM 可以說是電腦界的老大哥，在電腦發展的初期，本來他是什麼軟硬體系統都自己做的。我還記得很清楚，早期全世界最大的半導體公司是 IBM，最大的軟體公司當然也是 IBM，可以說與電腦有關的產品，最大的都是在 IBM，他什麼都自己做，幾乎自成一個電腦王國。

以前我常和 TI 的一個副董事長談論業界的事情。他說他在九〇年代初期去 IBM，想盡辦法要說服 IBM 放棄半導體事業，直接和 TI 合作，形成策略聯盟；但是 IBM 在概念上，完全沒有辦法接受。一直到了 IBM 換一個 CEO 以後，IBM 才改變了公

司發展的策略，也開始走入外包的模式，尤其在電腦的生產也開始外包。

其次，IBM 後來也開放他的專利技術，讓大家都可以來用；這個也就是為什麼，我們現在的半導體公司，像德碁、UMC（聯電）等，也跟 IBM 有一點合作關係，取得 IBM 的專利授權。這個真的在於CEO 一個很重要的理念的改變。

我記得在 1997 年和 IBM 的 CEO 見面的時候，他第一句話就說：「IBM 研究開發很多東西，不過，我也不曉得他們在幹什麼，你去看看好了，如果你要的話，你就拿走；當然，要付一點授權費才能拿。」也是因為這一句話，讓我們改變想法；本來我們在想，LCD 的技術當然是要找日本的公司，最初並沒有將 IBM 考慮在裏面。當時，我就說：「先不要下結論」；因為，去日本參觀是一回事，決策權是在美國的IBM。因為有這句話，我就找我們的人積極去推動，就看這個可能性，結果，他真的就把他現成的技術授權給整個產業。現在看起來，當時這個是個很重要、而且是很正確的觀

念；但是，要做這樣的改變，實際上並不是很容易的。

　　1998 年，IBM組織改組的時候，IBM 的 CEO 葛斯納對外宣佈說：IBM 未來成長最高的部份是技術事業群（Technology Group），該單位就是專門在賣技術的；現在，IBM 專利的收入、技術的收入，比以前多了很多了。數字我已經記不清楚了，可能是從幾億美元，到現在幾十億美元的收入。其次，IBM 也為別的電腦公司提供服務，他替Dell（美商戴爾）做服務；其出發點是：我已經有這麼好的基礎架構，自己又沒有充份發揮它的資源，既然如此，我當然就授權給大家使用，使這些技術得以充份回收它的價值。

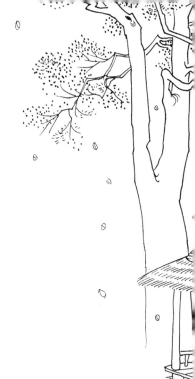

所以，IBM 變成不只是賣電腦系統的公司；早期，IBM 是以賣 Hardware（硬體設備）為主，現在，他開始充分利用原來的整個組織。在未來，賣 Hardware 恐怕不是 IBM 最主要的生意，因為現在他們就已經專注於服務與電子商務事業（e-Business）了。實際上，e-Business 就是 Service 另外的一環，這個就是 IBM 的一個案例。

日本公司的再造

- 九○年代初期開始談再造，卻沒有採取行動
- 社會架構、文化是障礙
- 終身雇用制度
- 缺乏速度、彈性與開放的心胸
- SONY 領導再造趨勢
- 軟體銀行（Softbank）並非主流

　　日本人在九○年代就開始在講企業再造了，但是，一直都沒有什麼眞正的行動，至少看不出來有行動的跡象；當然，這可能是整個社會結構的問題。因爲，本來日本人最引以爲榮的就是終身僱用制度，講究員工對企業的忠誠度等等，這也是二次大戰後，日本經濟成長的主要動力之一；現在，整個社會的結構和文化，反而是變成日本要再造很大的一個障礙。

　　當然，早期如果看他們文章，會發現也許日本人可能比較習慣於改善。也就是說，任何一個企業體，每天都積極不斷地在思考：做得更好、做得更

好、做得更好；所以，他們有很多書是改善的書。早期不論是 QC Cycle（品管圈），還是其他很多日本來的理論，大概都是從改善的角度來思考，就是在工作上不斷地精進。這也是日本人在很多地方贏的關鍵，因為他們比別人更長期在這方面努力。

但是，問題是，客觀環境實在是變化太快。原來的工作，你做得再好，做到一百分，它的效率可能是十；而我只做到七十分，效率卻可能是五十；其中就差了三倍多了。所以，很多的事情，如果你做對了，不要做到滿分也是可以的；做錯的東西，做滿分也沒有用。由於日本企業的長期僱傭制度、反應速度和他們的彈性，當然是比較差的，所以，這裏面就成為再造的問題。另外，整個日本企業接受「變」的能力很弱，比如說，我 1987 年到日本去談 DRAM 的技術授權，跑遍所有的日本公司，沒有一家同意要做技術轉移，他們就是沒有辦法做這樣的思考。

但是，在日本，SONY 是一個特例。嚴格來講，SONY 不能算是真正的日本公司！因為 SONY

的社長盛田昭夫，早期是在美國紐約做行銷工作，所以他的很多觀念，其實是很美式的。雖然SONY在日本的地位，沒有松下高；但是，他在世界的地位，他的品牌知名度，絕對比松下高很多。此外，雖然 SONY 有很多的技術，但是他現在的重心，是要掌握最多的Content（內容），他的主力都在美國，所有的都在美國；例如，馬友友也是 SONY 支持的；所以，他擁有那麼多的人才，使得 SONY 成為日本少數全球化的公司。

1996 年我剛好去了日本，打開電視或報紙一打開，SONY 改革是當時大新聞；仔細一看，這個大新聞對我們來講，怎麼算新聞呢？他只是在董事會中，聘請一些外來的董事；同時，將董事會的董事名額從二十幾個人，減為不曉得九個人或者十一個人；然後，董事會只管策略，不管實際的業務操作。這個怎麼算再造呢？但是，SONY在三、四年前做這個行動的時候，當時在日本變成一個大轟動的新聞；因為，原本所有的二、三十個人，都是從基層慢慢地升上來，然後，到最

後都當董事，SONY 這個做法當時是突破日本企業的傳統，當然大受矚目。

在那個改變之後，SONY 馬上將旗下所有的公司，幾乎都加網路的名稱，比誰都要早；實質上，是真正掌握了網際網路改變的先機。像 Cisco（思科）或者 Dell（戴爾）可以很快地轉變成只有網際網路業務，都是因為他們的產品線比較單純，而且本來也與網際網路業務有關，所以不算數；實際上，真正掌握網路改變的先機，從什麼都做的大型企業轉型過來的，只有SONY一家。當然，現在所有的日本公司都在談，松下或者 Canon（佳能）也都成立了網際網路部門；大商社都注意到網際網路的趨勢了，但是，整個公司都改造，所有的組織，甚至連名字都改變，在三、四年前就這樣做了的卻是很少見。當時 SONY 在日本發展的時候，日本人並不太能接受 SONY 這樣一個公司。

SoftBank（軟體銀行）是另外一個例子，他整個公司的經營模式更不像日本公司。SoftBank雖然在日本也有一些基礎做得很好的事業，但過去十幾

年來的發展，更是沒有辦法讓日本的主流社會接受：不管是說他的財務槓桿運用的太利害了，還是許多事業都是去美國買的。例如，舉辦電腦展最有名的 Comdex，以前是屬於 SoftBank，還有創投 Yahoo 等所有美國的網際網路公司，很多公司他都參了一腳。在美國，大家都說 SoftBank 當初根本是不懂網際網路的；當創投還在那邊壓股價的時候，SoftBank 都以數倍的高價介入。最後，由於網際網路因緣際會，股價暴漲，SoftBank 就靠這樣起來了。

所以，以今天的眼光來看，SoftBank 這樣的發展模式，當然剛好掌握到了網際網路的經濟方法；但是，實質上，在全世界，包含很多美國的媒體，還是對 SoftBank 當年那些做法有很多的質疑。日本的主流

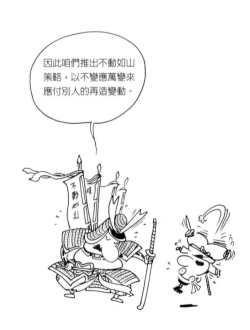

因此咱們推出不動如山策略，以不變應萬變來應付別人的再造變動。

社會，也依然對這件事情耿耿於懷；到底這種經營模式是不是應該變成日本社會的主流？當然，至少是對於日本的主流價值，產生很大的衝擊。

實際上，從另外一個角度來看，我覺得日本跟韓國在過去的一波再造風潮中，就沒有接受這些新的發展。在日本另外有一個叫 Nishi，是 ASCII 的負責人，當時他和孫正義都是屬於比較新興的年輕人，很遺憾的是當時在日本的社會，沒有辦法接受他們的觀念，銀行也不支持。不過，SoftBank 比較聰明，他所有的大將都是從銀行界拉出來的，所以，他是完全用財務槓桿在驅動整個日本企業的再造。

宏碁的再造（I）

- ●範圍
  - ──理念：全球品牌，結合地緣
  - ──組織：主從架構
  - ──流程：速食產銷模式
- ●時機
  - ──暖身：天蠶變（1989 年 11 月），
    - 勸　退（1990 年一月）
  - ──行動：1992 年

　　在此我想舉宏碁的一些比較大的例子，來說明企業再造的一些要素；因為小的變，是天天在變，那些先不算是真正的再造。

　　宏碁在 1992 年第一次採取企業再造的行動；實際上，我們是在 1989 年就開始有所謂的「天蠶變」，在「天蠶變」裏面，我們談到組織的扁平化，談到休息站的觀念。當時我們希望年輕人可以跑的很快，如果資深的人，油不太夠的話，可以先到高速公路旁邊的休息站加加油，休息完以後再出來；類似這樣的概念，是在「天蠶變」的時候，我們都在談的。當然，很快地，馬上就進行一個勸退的計劃。

實質上，那一次當然是因為從 89 年以後，89、90 的績效已經不好了；所以，經營的壓力已經是變大的。那時候討論出來是總結了大家的共識，為了更有效地進行再造的工程，所以，我們提出了「全球品牌，結合地緣」（Global Brand Local Touch）的理念。Global Brand 當初雖然只是從 ACER 品牌

變！變！變！
天蠶變！

由毛毛蟲變成蝴蝶遨翔於3D立體空間。

的角度來思考，但是，到現在可以解釋是：整個 Group（集團）所有的公司，假設未來是一百家公司或者一千家公司，這個是 Global Brand，Global 就是整個 Group（集團）。Local Touch 就是說：在 Local 的任何一家公司，是各自為政的。所以，我不斷地強調這個 Global、Local，是同時具有地理性的、概念性的這個觀念；這個理念（Philosophy），一直到今天，我們還是在應用。

因為要全面的配合理念，當時再造的組織架構，當然是「主從架構」的組織方式。其實，更進一步能夠配合更 Global Brand Local Touch 的，就是「聯網組織」（Internet Organization；iO），這個我們後面的章節會再說明。另外，在流程裏面，那時候我們就想到「速食式的產銷模式」（Fast Food Business Model），這些就是那時候，整個我們再造的一些考量。

宏碁的再造（II）

　　正如前面所提的，在再造的過程中，需要很多的溝通計劃（Communication Plan）。除了前面所講的 Global Brand Local Touch 等等那些名詞，是經由很多的口號，讓同仁明瞭再造比較高層次的目標外；另外，在執行層面，比較細項的部分，我們就有一個叫「宏碁生意經研討會」（Acer Business Sense Workshop）的溝通計劃，大家談談「生意經」。因為，你既然要 Local Touch，每一個 Touch 每一個 Local，當然都要能夠懂做生意。

　　以往，在比較中央集權的組織模式，第一線的人員只要聽命就好了；但是要 Local Touch，他們一定要有 Business Sense。台灣有一句俗諺叫：「生意

仔難生」，意思就是說真正能夠掌握做生意訣竅的人才，是很難得的。那到底我們在「宏碁生意經研討會」中談些什麼？當然談組織、談人才、談材料管理、也談現金管理、預算制度及風險管理（Risk Management）。

因為，宏碁在每一個國家的公司，他都有自己的現金，所以，現金流量的管理（Cash Flow Management），也是企業經營成敗的關鍵之一。甚至在那時候，我一直在談說，很多人的觀念，把預算當聖經，似乎是神聖不可修正的。像政府部門，反正有了預算就要花完，這樣的觀念都是不正確的。

所以，這裏面有很多細節的東西，就是大家如何來建立一個生意經。一直到現在，其中的很多觀念和做法，好像還可以用。這個很重要的就是說，很多人在這個大原則之下，都要了解以後自己獨立的時候要怎麼樣做。實際上，觀念就是獨立地做生意，每一個人都要獨立做生意，一定要建立這樣一個 Business Sense。

微笑曲線（Smiling Curve）也是在那時候提出來的，主要的目的就是要溝通；到今天，我們還可以利用這個工具，來不斷地的溝通。為什麼我們會有「軟體投資次集團」（Soft Capital Group）？因為要往曲線的左邊走，為什麼我們會有「數位服務次集團」（Digital Service Group），因為要往曲線的右邊走，它的附加價值更高。

「21 In 21」，二十一世紀有二十一家上市公司。這個不是玩數字或文字遊戲而已，這個 數字所代表意思就是說，這個公司是你的，為公司的長期發展，你自己儘量去努力好了，把他弄成上市公司；而整個集團其實是有很多家公司，自己都可以上市的。

「2000 in 2000」，公元二千年的時候，整個集團的營業額達到二千億的目標，這個是比較簡單的，後來也是超過的。

另外，當時也談到「龍夢欲成眞，群龍先無首」的觀念。我們大概每年都有一個溝通大會，其中就有一年在一開始的時候，就形成「龍夢欲成眞，群龍先無首」這樣一個理念，後來演變成「群龍計劃」。現在，不管是整個集團或者次集團，我們希望每一個單位，就像一條龍一樣的，這樣一個基本概念。

龍夢欲成真，
群龍先無首。

乾
元、亨、利、貞
初九，潛龍勿用。
九二，見龍在田，利見大人。
九三，君子終日乾乾，
夕惕若，厲無咎。

九四，或躍在淵，無咎。
九五，飛龍在天，利見大人。
上九，亢龍有悔。
用九，見群龍無首，吉。

……

宏碁的再造（III）

● 營收、利潤高度成長

	營收 (US MM)	成長率 (%)	利潤 (US MM)	成長率 (%)
93	1,902	51	38.6	2,436
94	3,220	69	118.3	207
95	5,825	81	202.9	72

　　實質上，在再造的過程裏面，就可以看到說，如果你做對了，就是每年成長五十、七十、八十；這樣一個數字，這個概念，實質上在再造之前，是我們從來想像不到的。

　　我記得在 1986 年做「龍騰國際」的時候，我們訂 1991 年的營收為十億美金；那時候，新台幣對美元的匯率是 1 比 40，所以是新台幣 400 億的目標。當時，我就說我的計劃就是每年百分之二十五成長，然後變成二十，變成十五；基本的概念大概是說，企業的規模越大，成長越難，當時認為好像是很合理的。

但是，後來我突然看到Compaq（美商康柏）的成長，最近看到 Dell 在規模這麼大以後的成長，發現以往認為企業的規模越大，成長越慢的觀念

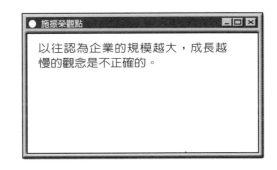

施振榮觀點

以往認為企業的規模越大，成長越慢的觀念是不正確的。

是不正確的。真正的關鍵，恐怕是在你做對了沒有？如果你做對了，成長根本是沒有受到限制的。

所以，我們在早期的時候，每年成長一倍，就認為好像那時候的挑戰比較小，相對跟競爭者比較之下，我們做了對的東西；此外，整個產業的成長那麼高，一定是外界剛好也是處於比較成長的一個環境裏面，才有這樣倍數成長的機會。

　　但是，從另外一個角度來看，也是我一直在思考的，這個觀念是 1986 年，我們在談「龍騰國際」的時候所談到的，我們要設定的目標就是：如果你的成長力降低了，為了要讓你的成長相對是屬於高的，最簡單的方法，就是把資源拿掉。也就是說，做同樣的事情，如果你只有個位數的成長，你用的人最好也有百分之十的減少，這樣你就會變成兩位數以上的成長。這個觀念也是很重要的，因為，如果沒有這樣一個成長，企業幾乎就沒有什麼競爭力；這也就是為什麼我個人覺得，企業可能應該每五年就要再造一次。

宏碁的再再造（I）

- 再造研討會（1997 年 12 月）
  ──全球化運籌，資訊系統基礎建設
  ──全員品牌管理
  ──客戶服務
  ──品牌事業處

　　其實相對於 1989 年「天蠶變」的狀況，1997
年的12月的再造，雖然也是面臨經營的壓力，但
是，沒有像 1989 年那麼慘。雖然在 1997 年的「再
造研討會」（ReModeling Workshop）可能狀況還
好，不過從我的感覺，當時仍然是沒有掌握到真正
的先機。

　　在那個「再造研討會」中，我們全球的主管都
回來。以前「天蠶變」是國內的，大概一百多個、
二百個員工；這一次我是把全球所有的主管都找回
來，差不多一百個都回來，在龍潭開了兩天的會。
最後的結論是，如果我們不在下面這些項目加強的

話，宏碁大概就沒有什麼競爭力了。

　　當時，我們就思考像個人電腦這麼大宗的商品，它要有競爭力的話，一定要考慮端對端的問題，就是所謂整個 Logistics（運籌）的問題。當時我們提出「全球運籌」（Global Logistics）的觀念，思考端對端（End to End）應該怎麼樣運作，是最有效的？

因為，個人電腦的生產並沒有很大的出入；但是，運籌流程如果出入呢，實際上它的風險、成本、競爭力、速度等等，都差了很多。要達到「全球運籌」的目的，當然一定要設計良好的資訊系統基礎建設（IT Infrastructure）來支援。

　　另外一個，就是打這場仗，如果沒有整體地來思考整個品牌的管理的話，也是不夠的。此外，PC最大的不同是什麼？每一台 PC 的功能都差不多，能不能生存，可能客戶的服務會變成很重要。所以，在那時候就非常注重品牌管理（Brand Management）、客戶服務（Customer Service）等功能，就是為了要加強產品整體的競爭力。為了要加強品牌管理，甚至於成立了一個「品牌事業處」（Brand Business Unit），專門針對自有品牌來加強品牌形象，這個是那一次初步的一個結果。

宏碁的再再造（II）

- SBU / RBU 連結為 GBU
- 新加坡、墨西哥公司股票下市
- 聯網組織架構
- 智慧財產與數位服務的新次集團
- 唯客思維文化
- 網路推手

預期將有高成長、高報酬

當我們慢慢地根據「再造研討會」所提出的共識開始要執行的時候，就發現：如果不把 「策略事業單位」（Strategic Business Unit；SBU）及「區域事業單位」（Regional Business Unit；RBU）兩種運作模式整合在一起，變成「全球事業單位」（Global Business Unit；GBU）的話，端對端（End to End）的流程再造（Business Process Reengineering），就沒有辦法能夠有效地來進行；所以，我們就導入了 GBU 的運作模式。

由於當時宏碁在新加坡及墨西哥的上市公司，

都是獨立的 RBU，所以他們一定要下市，才能改變運作模式；而美國及歐洲的公司，因為還沒有上市，我們就比較容易把他整合到 GBU 的運作模式。我們是從「主從架構」開始，慢慢的轉成去年我提出的「聯網架構」，不只是網路而已。

實際上，網路太大就不暢通了；網路是一個一個，有限而能夠有效運作的。但是，這個有效運作的網路，跟那個有效運作的網路，他們是互連的，這個就是網際網路（在中國大陸稱為「互聯網」）的意思。網際網路（Internet）跟網路（Network）之間的差別，就是多了一個互聯（Inter）。實質上，這個就是說，你在每一個網路都是有效的，然後再把它互聯的這個組織，成立了新的次集團，譬如，宏網集團就是專精在智慧財產權跟數位服務的一個次集團。

另外，從 1999 年開始，公司各個部門從標竿學院，學習有關於文化的改變，就是「唯客思維」（Customer Centric）的建立。每一個員工的腦筋怎麼想到客戶？這是難的，文化的東西實在是很難建

立。企業文化如果是由小慢慢地，有時間慢慢弄，比較容易；現在整個集團的組織那麼大了，幾萬個人，要把這種顧客導向的思維，深植於每一個同仁的腦海中，真是一個大工程，我們一定要考慮到這一點。所以，我們就把它簡化成只有幾個重要的項目，再將他和績效的評估整合在一起，這些講起來都很容易，真正做起來，問題都很大的。

另外一個就是公司的定位。宏碁集團未來的方向就是「網路推手」（Internet Enabler）：就是每一個集團、每一個公司，都是以網際網路架構。實質上，早期，宏碁是「微處理器的園丁」，讓微處理器的技術，在這個社會上慢慢地蓬勃發展；現在，宏碁是「網路推手」，就是說我們集團所有的、所做的任何事情，都希望朝網際網路的方向發展。讓網際網路這個新的經濟體，不管是對國內或者對全世界，這個經濟體都能夠有推動的一點力量，這個是整個集團的定位。

被動與主動的再造

- 經常主動再造，時間不要拖太長
- 運作失敗後，被動再造為時已晚
- 留意任何不盡理想的狀況
- 積極主動：視再造為一種攻擊性行動，而非防禦性行動。

因為再造是一個常態，所以主其事者是被動式還是主動式的再造，就變得十分關鍵。如果企業的再造太被動，隔了很長的時間才再造，不只再造的本身十分困難，同時你也沒有再造前的緩衝，資源也不是最有效地應用。等於是，在經營的績效並不理想的時候，才要再造的話，當然整體的效果就會打折扣了。所以，如何在整個營運績效在開始走下坡之前，就已經再造，變成很重要；當營運開始不好時，才來再造，實際上都太慢了。

一個企業的成敗，往往不是立竿見影的。也許一個小組織，前置期可以比較短；就是說，我做這個動作，我的成果在三個月、半年就會呈現。一個

中型的組織，前置期大概要一年；你做了很多對的事情，要一年以後，才會看到他的效益。對一個大型的組織而言，你做了一個對的決策，可能是兩年、三年以後，才會產生效果。

反過來，當你做錯決策的時候，在大公司要三年以後，才會看到問題；小公司是三個月或六個月以前做錯的事情，現在它就已經反應了。所以，大組織一定要具備比較前瞻的思考模式：有任何風吹草動、營運不是很理想的時候，就要很注意了。當然，有時候只能靠見面才能掌握風吹草動所代表的意思。就像 Andrew Grove（Intel 總裁）也談到「轉折點」（Reflecting）的概念。轉折點常常是不容易抓到。

所謂主動，就是在心態上要說是我再造，是一個正面的意念。我每一次都主動再造，它是針對企業競爭力的提昇，它是屬於比較攻擊性的；並不是在經營不好的時候，為了保護自己能夠生存，而產生的一些防守性的做法。

總結

- 再造是一種常態
- 再造不僅只是組織的改變
- 組織愈大，有效再造的時間花費愈長
- 再造過程中，「新」CEO 扮演最重要角色
- 建立團隊信心為最優先
- 扭轉業績是建立內部與外部信心的關鍵

　　企業再造是管理的一個很重要的能力，因為要不斷地再造。再造不只是組織的改變而已，理念的突破是更重要的。而越大的組織，如果要有效地再造，實際上是動作越大、時間越長。在再造的過程中，一個「新」CEO （執行長）是龍頭，扮演最重要角色，不管是換人或者換腦袋，一個「新」的CEO 是整個再造成敗最關鍵的因素。

　　美國式的管理是換人而不是換腦袋，這是因為當地的人才多，人情也比較淡。台灣因為培養人才不容易，所以最好換腦袋。換腦袋幾乎是否定一個

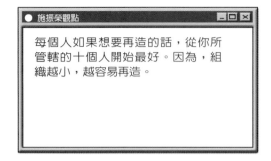

人的過去,就算不是全盤否定,也是對他的理念、策略、想法做大幅的檢討與修正。因此,我在這種時候都是先講我也如此。當初是因為我也這麼認為,所以才支持你這麼做,所以我也有錯;這樣再和他一起討論如何修正,如何改。但不論怎麼說,面子還是最難的一點。我不斷地在各種場合說「要命不要面子」,就是率先改變大家對面子的迷思。

從再造的規模來看,從整個產業的再造、公司的再造、部門的再造等等都是再造的一環。從這樣思考,每個人如果想要再造的話,從你所管轄的十個人開始最好。因為,組織越小,越容易再造;所以,如果從這個角度來看,說不定會非常值得每一個人現在就去再造。因為,你從小的先練習,當真正大的事件來的時候,由於你已經體會了一些適當的過程了,所以,你在再造的時候,就比較能夠得心順手。

所以，為什麼要 Open Minded（敞開心胸），因為 Open Minded 是再造之頭。所以，自己是家裏的 CEO 或者組織的 CEO，這個 CEO 的腦袋瓜要先換，然後做為再造的一個開始。在再造的過程中，一定要建立整個團隊的信心；當沒有信心的時候，很多事情都不能動，也都不敢動；實際上，因此所耽擱的時間、精力都是非常的多。

　　這裡還有一個很重要的問題，這個是我自己的經驗：我記得台灣的《商業周刊》，在 1994 年頒給我一個「反敗為勝」獎。我自己心裏很納悶：我自認為我沒有敗過啊！我怎麼會反敗為勝呢？雖然有幾年的營運不佳，但是我很努力啊，我們內部的同仁大概還有信心、還有把握啊；因為，他自己發生了什麼狀況、什麼進度，他自己很清楚。

　　但是，很不幸的，企業不是活在自己的員工心目中，外界、客戶、銀行、供應商、還有你員工的家屬、股東等等，都是外界的人；當外

界對你的信心產生危機時，實際上，當然是因為組織越大才會受到矚目。尤其宏碁算是比較知名的企業，也是容易讓大家都很緊張；當時的說法包含有：整個公司應該垮掉了、如果不是政府全力支持的話，公司早就垮了，因為他是台灣唯一的品牌等等，這種論調都出現了。實質上，當然不是那麼一回事。但是，你可以想像得到，在這過程裏面，對整個客觀環境的掌握、讓你在再造的過程裏得到更多的助力，也變成是非常的重要。

事實上，進入 2000 年後半之後，宏碁本身也開始了第二次改造。會進行第二次改造，當然也是因為多少出現了一些需要改造的跡象。宏碁第一次改造之後，到四、五年前進入了一個高原期，因此我們一直在尋找突破之道。突破又有二種：一、是用原來的方法來加力突破。二、是改變方法，用一個不同的途徑（approach）來突破。

這樣看，宏碁前後兩次改造，隔了十年的時間，但是最好應該是四、五年，這樣每次才不必大動干戈。

現在我在談改造有二：一、策略的適當調整。二、次集團的分分合合。本來，改造的事情最好是他們內部自己做，但可能太慢。而為什麼要我親自推動，有兩個原因：一、我有經驗。二、我可以從一個比較高的層次來統合資源的運用。

十年來二次改造的不同：一、規模大小不同，這次的規模比上次大了十倍；二、人數多很多。三、業務策略複雜很多。四、投資大眾和媒體的報導發達很多。五、體質好很多，但是正因為體質好很多，所以也可能把病拖很久。當然，我自己的經驗也多了很多。因為以上的不同，雖然問題很多、但是因為資源多，體質好，所以比較從容。

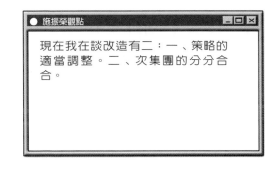

施振榮觀點

現在我在談改造有二：一、策略的適當調整。二、次集團的分分合合。

孫子兵法

軍爭篇

孫子曰：

凡用兵之法：將受命於君，合軍聚衆，交和而舍，莫難於軍爭。軍爭之難者，以迂為直，以患為利。故迂其途，而誘之以利；後人發，先人至者：知迂直之計者也。

軍爭為利，軍爭為危。舉軍而爭利，則不及；委軍而爭利，則輜重捐。是故，縈甲而趨利，則日夜不處，倍道兼行。百里而爭利，則擒上將；勁者先，疲者後，則十一以至。五十里而爭利，則蹶上將，法以半至。三十里而爭利，則三分之二至。是故，軍無輜重則亡，無糧食則亡，無委積則亡。

是故，不知諸侯之謀者，不能預交；不知山林、險阻、沮澤之形者，不能行軍；不用鄉導者，不能得地利。故兵以詐立，以利動，以分合變者也。故其疾如風，其徐如林；侵掠如火，不動如山；難知如陰，動如雷霆；指向分衆，廓地分利；懸權而動，先知迂直之道者勝：此軍爭之法也。

是故，《軍政》曰：「言不相聞，故為鼓金；視不相見，故為旌旗。」是故，晝戰多旌旗，夜戰多鼓金。鼓金旌旗者，所以一民之耳目也。民既已專，則勇者不得獨進，怯者不得獨退：此用衆之法也。

三軍可奪氣，將軍可奪心。是故，朝氣銳，晝氣惰，暮氣潰。故善用兵者，避其銳氣，擊其惰潰，此治氣者也。以治待亂，以靜待譁，此治心者也。以近待遠，以佚待勞，以飽待飢，此治力者也。無邀整整之旗，無擊堂堂之陣，此治變者也。故用兵：高陵勿向，餌兵勿食，窮寇勿迫，銳卒勿攻；背丘勿迎，佯北勿從，圍師遺闕，歸師勿遏，此用衆之法也。

＊本書孫子兵法採用朔雪寒校勘版本

軍爭篇

軍爭之難者，以迂為直，以患為利。故迂其途，而誘之以利；後人發，先人至者：知迂直之計者也。

孫子說：軍爭之難，要懂得把迂迴看作直線，把不利看出有有利。這樣才能比別人後發，但是卻能先到。

商場上也可以活用這種思路。

有願景，就是直線；中間有迂迴的再造（Re-engineering），也不妨。

相反的，如果沒有願景，就算你先發，也不會有我快。

客觀環境的不利，是一定存在的，大家都一樣。所以如果不去碰這種不利，就是贏過競爭者。這就是化不利為有利。

軍爭爲利，軍爭爲危。舉軍而爭利，則不及；委軍而爭利，則輜重捐。是故，絭甲而趨利，則日夜不處，倍道兼行。百里而爭利，則擒上將；勁者先，疲者後，則十一以至。五十里而爭利，則蹶上將，法以半至。三十里而爭利，則三分之二至。是故，軍無輜重則亡，無糧食則亡，無委積則亡。

孫子分析了行軍時候，追求速度的利弊得失。全軍出動，速度一定快不了；部份軍力先動，則後勤支援不上。

商場上也難以在行軍的速度與後勤補給之間掌握分寸。

CEO 最難掌控大局，不論是資源的佈置、時程的分配與調整，何況還在邊打邊建立資源之中？

戰場是養兵千日，用在一時；而商場則是隨時養兵，隨時戰作戰。何況有二十五個戰場同時開打？

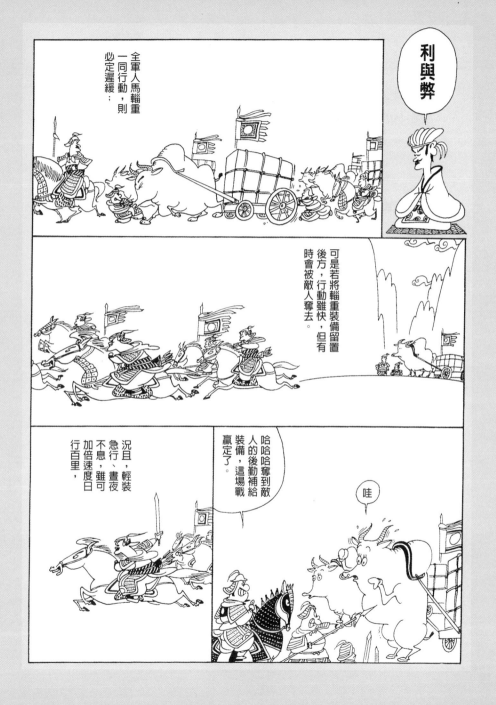

利與弊

全軍人馬輜重
一同行動，則
必定遲緩；

可是若將輜重裝備留置
後方，行動雖快，但有
時會被敵人奪去。

況且，輕裝
急行、晝夜
不息，雖可
加倍速度日
行百里，

哈哈哈奪到敵
人的後勤補給
裝備，這場戰
贏定了。

哇

故其疾如風，其徐如林；侵掠如火，不動如山；難知如陰，動如雷霆。

孫子強調行軍的時候快起來要像風，整齊像樹林，侵掠敵方的時候像烈火，防守不動的時候如山嶽，像陰霾的天氣一般難以預測，像雷霆一般聲勢震人。

「風、林、火、山」的原則，運用在商場上，就是看市場與競爭者，要靜就靜，要動就動。

客觀市場還沒成熟的時候，我就不動，要急也沒有用。或者，對手正在大殺價的時候，你也要加入嗎？這時就要不動如山。

另外，強勢的時候，過去我有婦人之仁，怕佔有率太高，反對壟斷，總覺得百分之二十的佔有率就非常好了，但現在就不會；成熟的市場，就侵掠如火。

但隊伍必定散亂，因為部隊中強勁者先到，疲憊者落後，只有十分之一人馬能趕到戰場。

倉促應戰，必致失敗，三軍將帥都有被俘可能。

所以軍中沒有後勤輜重，不能生存。

沒有糧食補給，不能生存，沒有裝備儲存，不能生存。

三軍可奪氣，將軍可奪心。是故，朝氣銳，晝氣惰，暮氣潰。故善用兵者，避其銳氣，擊其惰潰，此治氣者也。以治待亂，以靜待譁，此治心者也。以近待遠，以佚待勞，以飽待飢，此治力者也。無邀整整之旗，無擊堂堂之陣，此治變者也。

交戰的時候，對付一般士兵，要掌握其士氣之高低，對付將軍，要掌握其心志之強弱。因此，善於用兵的人，在敵方士氣高昂的時候避而不戰，在他們士氣低迷的時候再猛力一擊，這就是懂得利用「士氣」。以自己的整齊的陣容來等對方的陣容變亂，以自己的安靜無聲來等待對方鼓噪不安，這就是懂得利用「心志」。以近待遠，以佚待勞，以飽待飢，這是懂得利用「實力」。看到對方的陣容和旗幟都整整齊齊，就避而不戰，這是懂得變通之道。

而且不瞭解
列國諸侯之
企圖，不能
與其結交聯
盟；

不瞭解山林、
險阻、沼澤地
理形勢，便不
能行軍作戰。

不能運用當地鄉民作嚮
導領路，便不能獲知有
利地形。

商場上的行動，要看市場的變化，競爭者的消長來調整，很多時候是做到市場第一也無利可圖。

　　譬如像 DRAM，起起伏伏很大，如果資源大，算總帳，可能還可打。又像電腦，突然出來個 Compaq，突然出來個 Dell。

　　因此，即使是同一個產品，同一個市場，也有許多變化。

　　所以，企業領導者也應該懂得如何治氣、治心、治力、治變。

故用兵：高陵勿向，餌兵勿食，窮寇勿迫，銳卒勿攻；背丘勿迎，佯北勿從，圍師遺闕，歸師勿遏，此用眾之法也。

孫子提醒用兵的時候要多留謹慎的一步，對方佔了高地的時候，或是太強的時候不要進攻；把對方包圍的時候要網開一面；對方要退兵的時候不要去阻攔等等。

風

軍旅行動
時，要快
如疾風迅
速而無跡；

林

靜止時，
肅穆嚴整
如林木一般；

火

攻擊時，如
燎原烈火；

商場上可以如何善用這些道理，可以拿個人電腦來當個例子：

　　個人電腦的市場，經常殺價競爭。殺價有很多原因：庫存太多要殺，策略性佔有率升高也要殺。

　　他們殺價時如何應變？跟著殺就血本無歸。所以就避開那個區隔，或推出新的產品來推動新的機會。

　　另外，你如果這次沒讓他殺成就退兵，那他的存貨沒消化完，不久可能還會再殺一次；這也可以說是「對方要退兵的時候不要去阻攔」的道理。

山

防守時，如山岳一樣不可動搖；

雷霆

快速行動時，如迅雷電，使敵人無從退避。

陰

隱蔽時，匿形歛跡如烏雲遮天，使敵人無從知曉；

用兵要根據敵情變化，權衡情勢，相機而動，因敵制勝。能確實做到風、林、火、山、陰、雷霆的境界，便易獲勝。

問題與討論
Q&A

Q1 處理危機意識，最需要注意的風險是什麼？

A 處理不好危機意識，會對信心產生打擊。幾個月前，我說：PC 是傳統產業。此話一出，造成公司內部很大的反彈；很多同事覺得我是高科技的人，現在說我在做的是傳統產業的事情，那我在這裡做下去有什麼意義。但我會那麼說，有兩個原因：一是因為感到 PC 的附加價值越來越低，沒有知識產業的特色，不是不能做，但是一定要改變做法；二是因為我們一定要往知識經濟發展，所以想先否定自己，讓社會大眾，尤其是傳統產業不要太悲觀，不要覺得 PC 那麼高高在上，讓台灣的產業發展氣氛不要太低。

一般企業都是碰到問題才會想要去改變，談再造也需要信心與信任，到底要怎麼做才能縮短人心惶惶的時間？再造時，應該如何進行權力分配？

 其實，我們可以把危機意識當作是企業再造的暖身階段（Warm-up），企業隨時都要有危機意識，那是越長越好；但是，談人心惶惶的時候，則是越短越好。領導者一定要把未來的藍圖，講得很清楚：你的動作是什麼？下一波還有沒有？等等，讓他很快的能夠塵埃落定；否則，組織如果長期處在一個人心惶惶的狀態，當然整個做事的效率就差很多。也就是說，如果不是很快解決的話，實際上對組織是非常不利的。

至於人事及權力的安排，實質上分成兩部分。一部分是事前的架構的問題，如果看《再造宏碁》就有談到：因為公司有安排大家共同的利益，所以，應該儘量去保護公司共通的利益；至於個人的利益呢，如果他還有其他的出路可走的話，就可以來配合公司。所以，現在就變成有沒有出路可走的問題。因為你要安排公司的利益時，如果他不配合的話，不但對公司不利，對他個人也不利，但是，他還是會覺得不夠啊；雖然對他不利，但是，他不曉得出路要怎麼走，也是會有問題的。所以，我們也要考慮到他的出路在哪裏；比如說，禮遇他，請他提前退休等等。因此，公司就要準備足夠的資源，來處理這些事情，這是往負面的角度來思考，所要面對的務提。

實際上，我就以美國宏碁的再造為例：當時我們美國公司的總經理莊仁川博士，是最優秀的人才，但是因為客觀環境是不行的，所以在 PC（個人電腦）產業做不出所以然來；在再造美國宏碁，我要把他換掉的同時，也拿四千萬美金讓他在美國做創投。剛開始雖然他可以接受，但是，他的心理總是很嘔，氣嘛；因為沒有做成功，就會認為自己是敗軍之將啊。現在，他替宏碁賺的錢，比過去輸的還多。

所以，你要為大家安排出路，是非常重要的。不管說你過去太辛苦了，現在把這些錢拿走，以後輕鬆過日子，這也是一個出路啊。但是，你一定要考慮：實質上，企業如果還很健全的話，實際上出路還很多，尤其在資訊產業中，實際上出路是太多了太多了；所以，如果有機會的話，很多人我是不會放他走的。如果有機會的時候，丟開現在的重擔，開創一些新的產業，大家都會很高興。

比如說，以前新加坡宏碁國際的盧宏鎰總經理，在公司下市了以後，他現在也是管創投；雖然對他來講也是新的挑戰，不過，總是對他沒有什麼壞處。所以，我想安排出路、利益共同體的事先安排，以及人事的安排，是非常重要的；即使是勸退，也要準備資

源。像宏碁在 1990 年的勸退，遣散費也是比勞基法更優厚，而且在勸退之後，替他寫介紹信，幾個月之內，全部都再就業了，都沒有問題了；所以，你一定要替所有改變的人，想到他的新的出路，這樣雜音就會降低，效益會比較高。

當然，早期有很多的企業在談再造的時候，就用搬家的方法，讓員工自行離職，所以就不必支付遣散費了。實際上，宏碁每次搬家，都在搬家的過程裏面，付了不曉得幾年的特支費；就是向員工說：「辛苦你了！」我們還付錢，以補償員工因為公司搬家所帶來的不便。所以，我們絕對不利用搬家來裁員；如果，真的有人不習慣，他要辭職，這就另當別論了。

如果企業是用搬家的方法，希望因此而不必付遣散費，而達到裁員的目的；基本上這樣的再造，就容易造成大家人心惶惶，因為沒有得到大部份員工的支持。實質上，我相信有很多被勸退的員工，對宏碁應該沒有話講，也認為為了公司的共同利益，這個再造是應該的，他們也支持的。

Q3 台灣企業有傳子不傳賢的心態，要讓出 CEO 的位置，在台灣做得到嗎？趙耀東先生曾慨嘆，台灣只有生意人，沒有企業家，你認為現在台灣有企業家嗎？

實質上，這個也是我在《再造宏碁》那本書裡面，所提到不傳給兒子的三大理由；為了加深大家的印象，我再重複這三大理由：第一個理由是對員工不公平，第二個理由是對小孩子不公平，第三個理由是對我的錢不公平。我一定要將公司交給賢的，我的錢才會越來越多；如果交給兒子的話，可能我的錢是越來越少的。

尤其面對未來，再造幾乎會變成是一種常態。由於再造的時候，就是要換 CEO（執行長），可是，在台灣要換 CEO，通常是比較困難的；宏碁是少數具備那個條件的，但是都很難。宏碁具備那個條件，是因為我們事先就告訴這些 CEO：你是專業經理人，做不好就會被換掉，連我自己都辭職過了；只是說，我們不到事不可為的時候，不輕易換 CEO。

但是，台灣的家族企業，從權力的問題，從面子的問題，實質上是很難換 CEO 的。但是，宏碁在換 CEO 的時候，我們是會保住他的面子；我們不會因為這樣，就撕破臉。除非是少數的案例，沒有辦法有效地處理；否則，我們的本意，一定要把 CEO 的面子，儘量保住的。

所以，基本上我比較武斷地來講，如果 CEO 的觀念不能不斷地調整，又不能換 CEO 的話，這個企業當然就會萎縮。但是，也有 CEO 沒有換，企業在萎縮了幾年後，又東山再起了；那是因為經過了好幾年，弄不出來，他大徹悟了以後，那時候換了腦袋，可能這個企業又可以起死回生，否則是沒有任何機會的。

實質上，如果大家看《再造宏碁》就知道，在創業的第一天，我就建立這個換腦袋的思考模式；包含，我如果沒有辦法領導宏碁發展的話，我要另請高明，我跟同仁就講過這句話。實質上，我記得在再造宏碁時，我也是對自己講相同的話；你也不要以為只對自己講，我同時對很多人講。因為，我對自己開刀的意思，就是你也可能會被開刀；所以，我早就在塑造這樣的環境，從創業的第一天起，就已經開始在做這件事情。

同樣的情形，當要開始開刀的時候，如果是對自己開刀，我絕不留後路；我自己就遞辭呈，我自己心理早已有準備。但是，當你要向別人開刀的時候，一定要替別人留後路，其中不一樣的地方會在這裏。就是，你要順利地開刀或者要換腦袋瓜子的時候，一定要透過、要產生、要提供助力。譬如說，我用我的例子，我用老人言，然後慢慢疏通他；另外，用一些手段，讓他能夠改變，或者提供一個環境，讓他先離開這個傷心之地等等，這些都是我們要去思考的。

不過，整體來講，第一個，當然必須要有一個民主的企業環境，大家都能夠發表意見的環境，是一定要的。第二個是要有比較分散式的管理，就是比較能夠授權（Empowerment）的環境；能夠充份授權的，才比較有這個機會來改變現況，比較容易能夠接受改變等等，有很多客觀環境的塑造，是一個企業家一定要去考量的。

Q5 宏碁是跨國企業，如何在中央集權與地方分權中取得平衡點，使得整個組織的運作最有效率？

A 首先是要如何達到初步的結論？當然，這個結論也可能隨著時間的不同，又要再變、再造；但是，如何達到這個初步的結論，是很重要的。也就是說，我們基本上有一點是先有一個方法，先推出去；然後，從所產生的問題裏面，再去檢討。甚至於，也採用所謂的「欲擒故縱」法。

比如說，我們的基本原則是地方分權（Decentralized），各自為政；所以，當我要從地方收回權力之前，絕對要讓他自己出問題。因為，不出問題，他不會把權力放回來；也就是說，一定要有這個教訓以後，發現說我把這個權力丟回給中央，對我是比較有利的。一定要經過這樣的過程，他才會真正支持中央要控制的東西；如果地方不支持的話，每天來爭執，你還是沒有辦法有效地管理。

再加上，宏碁的理念不斷地在談分權，但是你又要把一些東西集權（Centralized），這個問題就大了。還好，整個資訊產業剛好適合這樣一個理念（Philosophy）：比如說，在研究發展部分，我們是非常分權的；值得慶幸的是，在 IT（資訊技術）產業中，可以研究發展的範圍那麼廣，產品又那麼多，各自為政，做自己的產品，比較不要牽牽扯扯，也比較有效。

以現在一般的觀點來看的話，要集權的東西當然是製造；因為它要有經濟規模，附加價值相對比較低，也就是說，一定要有量才能夠、才應該要中央集權。R&D（研究發展），目前我們採取的就是地方分權；甚至，如果你考慮到宏碁成立軟體創投（Soft capital），透過那麼廣泛的投資，從技術的角度來看更地方分權。所以，R&D 在傳統上是走中央集權的研究中心（Research Center）路線，我們則是走地方分權的路子。

我們這幾年來，不斷地在爭論要不要成立中央研究中心等等，但是，我覺得一直沒有辦法接受，在研究發展的部分，中央集權會比地方分權更為有效。像 IBM、Bell Lab（貝爾實驗是），因為他們都是走基礎研究的，是中央集權的概念；宏碁是強調新鮮科技的創新應用，所以我們是 地方分權的。

在品牌形象（Brand Image）、願景（Vision）、策略（strategy）、定位（Position）等原則，甚至於虛擬（Virtual）的一些關鍵要素（Key element），例如，在溝通（Communication）裏面有最關鍵的顏色或者設計風格問題等等，這些是中央集權的；但是，在相關應用方面的話，我們覺得應該讓各個地方儘量的分權。當然，在業務方面一定是分權的。

此外，如果以事業部來講，各個公司都是採取分權的考量。以前一個產品的決策，在市場的推廣方面是地方分權。現在，因為 SBU、RBU 已經整合成 GBU；所以，同一個產品的全球策略是中央在做決策。主要的理由是要達到端對端（End to End）的效果：從研究發展一路到客戶服務，都是同一個人在管；另外一個理由是要借重全球的資源。

因為，同樣一個產品，技術及產品是全球的，服務及行銷是當地的；無形的東西儘量全球化，儘量可以中央集權。我們最高水準的教育在標竿學院，是中央集權的。因為無形的東西中央集權的話，可以得到最好的效果；然後，分散的時候是最經濟的。因為，複製那個無形的東西，不要另外有成本，這個也是一種考量。當然，如果當地的知識，無法分享的話，我們就用當地化的考量。

Q6 一個企業從創業到組織再造，需要多少的時間？

A 當組織小的時候，再造很容易；所以，甚至於你在再造的時候，是不留痕跡，不知道你是進入再造的那個情境。以宏碁的案例來看，從創業到再造是十幾年；因為，我們組織小的時候，是每年在再造，所以沒有感覺到是在再造。

尤其面對現在網際網路的新經濟時代，我想有很多網際網路的公司，說不定原來做創業的營運計劃（Business Plan），可能在半年之內，都要完全改變；甚至，連公司名字都有可能改變。所以，他是面對客觀的環境，一定要改變，這樣才能生存。

所以，當與競爭者比較的時候，如果感覺到沒有道理的：我花這麼多資源，我這麼努力，我的人才也沒有比別人少，但是原來的營運計劃卻無效，那你就再造。比如說，如果說你的人才比別人少了，打不過人家，要不要再造？還是要再造！你就選擇一個人才比較少的時候，還可以致勝的一個業務範圍。隨時只要跟競爭者比較，哪裡是沒有道理，彼此的客觀條件不一樣，你就要有不同的思考模式；否則，你根本沒有辦法產生競爭力。

Q7 宏碁如果要引進四十歲以下的 CEO，他們要如何帶動較年長的人進行再造？

實際上，這個現象在美國是比較容易執行的；在東方，像台灣的社會，則幾乎是不太可行的。所以，宏碁集團為什麼設計了這個聯網組織？就是要解決這樣的問題。也就是說，如果 CEO 原則上是四十歲的話，他的經營團隊都是四十歲以下；那些五、六十歲的幹部，不是去做教育訓練，就做創投或者做別的事業去了。否則，在台灣的社會文化裏面，不是那麼容易的。

人數少的時候，比較簡單；人數一多的話，就很麻煩了。這個也是為什麼，家族企業的下一代一上來，要管理那些叔叔、伯伯的話，不是那麼簡單的原因；因為你不斷地在再造，裏面談到的就是溝通與共識。如果代溝差很多的話，實際上絕對是非常不容易的。

很幸運的，不只是宏碁，大家現在處於一個生意的機會，實在是太多的環境之下，這一套理論可能可以通。現在我所談的這個理論，面對過去的產業，不一定會很通；但是，面對未來數位經濟（Digital Economy）的角度來看，我覺得可用的之處很多。當然，對我來講，它是層次比較高、範圍很大的一種概念性的東西；但是，我覺得這個應該是一個未來比較有效的概念之一。

因此，如果大家能夠慢慢地掌握到這些概念，知道它的前因後果，為什麼會這樣思考？實質上，你們問的這些問題，都是因為我了解那些問題，才會想出這些辦法的。因為，那些問題，應該都是大家同樣要面對的；我用這個方法，雖然不能完全地解決所有的問題，但是我希望能夠相對比較有效地，來面對那些問題。

比如說「寧為雞首」的問題，比如說要突破家族企業的問題，比如說現在網際網路的時代，汰舊換新那麼快等等這些問題，都是希望用一套方法，能夠有效的因應。當然，事前你要開放心胸（Open Mind）來溝通，事後你要透過組織的方法，不傷害長幼有序的社會的文化；能夠運作這些，能夠掌握這些新的機會，都是在思考的範圍之內，應該做的事情。

Q8

再造的關鍵在 CEO，CEO 通常很難聽進別人的建議，部屬也無法產生影響力，這時該怎麼辦？

整個社會的結構是一層一層的，大到全世界，再來國家，再來一個產業，一個公司，公司裡面還有部門，到最後，在社會裏面，還有你的家庭。你是家裏的一家之主，是家裡的 CEO；你可能是自己生活的 CEO，也是 CEO。所以，今天每一個人是同時扮演兩個角色：一個是整個大環境的一個螺絲釘，另外一個是我這個小世界的 CEO。

今天每一個人在感嘆：沒有辦法影響你的 CEO；我也可以感嘆：我對我的政府沒有辦法影響，基本上是一樣的。所以，我只在我的範圍內，做我覺得應該做的事情；也就是說，政府不要防礙我，我在我的範圍裏面實施 CEO 的權利。其實，五個人的老闆也是 CEO，我是這五個人組織的 CEO，我要如何有效地運用這個資源，讓這個組織的運作非常有效？應該是從這個角度來思考。

當然，當每一個階層的人，都扮演各自的角色，來支持大的環境，就是有意義的事情。今天，我支持整個電子產業，對整個國家的經濟有幫忙；當我扮演這個角色的時候，我就會儘量地貢獻自己的資源。現在你在一個公司裡面，當然要讓公司可以儘量地去發展；反過來，當你今天在這個公司，覺得不可為的時候，你就另外創一個或者找一個公司來發展，你有絕對的權力啊。

但是，你在這個環境的時候，如何扮演一個螺絲釘，同時又扮演一個 CEO 的角色？就是說盡我們所能，能夠來掌握的一些資源，盡力來發展。今天，我當一個 CEO，下面有三個支援人員，三個人有沒有充分運用？他們有沒有在成長？都是我的責任。

所謂成功的企業，應該是多方面的：除了賺錢以外，員工滿意，客戶滿意，社會上也支持，認為形象不錯等等，不單只有賺錢才算；就是整個算起來的一個綜合體，才是評估的標準。假設是成功的話，當然沒有再造的必要；但是，反過來，現在客觀的條件，用同樣的做法，要保持五年、十年以上都成功的，不是說沒有，幾乎是很少有這個機會。全世界沒有一個生意，真的是數十年如一日，只做同樣的東西，而能夠活得下去的。

今天，有太多的事情，我們是沒有辦法去影響；但是，是短期間沒有辦法影響，長期則未必。今天，電子業界、高科技產業的管理理念、經營形態，是不是跟台灣的傳統產業是一樣的呢？這個不一樣是怎麼來的？可能是這些經營者受過的教育也許比較高，到國外的機會比較多；但是，在早期他們還是少數民族的時候，由於他在發展的過程中，所做出來的東西，效益是比較高的，所以，大家就激勵一些信心了。然後，慢慢地傳，傳到甚至於會影響到傳統的產業；現在，當然慢慢變成多數民族了。

今天，大家多多少少的都會受到一些困境，我是充分地了解；我和大家可能不同的是，今天我的影響力稍微比較大一點，我願意由我開始去做影響；即使是這個影響可能是在十年、二十年以後，才會產生它的效果。就像你今天想要影響你的老闆，影響不了！比如說，當我還在經營德碁的時候，我想要影響 TI（德州儀器），影響不了！不過，最後他也因此沒有得到什麼好處。

但是，如果你把這個概念做溝通了，長遠來看，還是會有效果的。就像我在 1986 年，到日本去就跟他們一直講，你們一定要雙向道的交流，不要認為台灣只能拿你的東西，台灣也可以供應你東西；不管是 99 對 1 還是多少，只要不是 0 對 100 就好了，表示你能夠尊重台灣還有東西可以讓你參考。1986 年我就開始講這個話，今天有多少了？可能百分之五了可能百分之十了！在高科技產業，甚至於可能超過這個數字了，我們讓他們能夠參考的東西也更多了。

因此，在概念上，成功的人可能聽不進別人的話，就像日本的他們的想法；但是，現在我告訴你，當他經過那麼多年的困境以後，現在恐怕對外國話，聽的比以前容易的太多太多了。總是會出現那種情境，對不對！誰能夠想像說「日本第一」，一下子就不見了，這個就是他要自己負責；因為，他成功以後，變成不願意再造，結果他自己負責。我相信，日本一定會再造，至少像 SONY 之類的企業會走在前頭的再造，一定會慢慢帶動啦。

Q10 你如何凝聚一個對宏碁有益的再造計畫？過程中如果發現有誤，要如何調整？

A 因為 CEO 是再造的龍頭，而且再造的原因，往往是是來自於外面的客觀環境及產業的變化比較多；所以 CEO 在再造的過程中，應該扮演什麼樣的角色呢？因為，內部的問題，他當然比較容易看得見；但是，外邊的變化世界已經變了，如果他沒有注意到的話，就沒有辦法發動再造。所以，一般 CEO 對內的管理雖然很重要，但是如果天天說要再造，但是卻不出門，是會有問題的。

我之所以容易再造，應該是和我有很多所謂不務正業的事情有關；如果，你都只做正業，什麼事情都不管，只管自己公司的事情，就會產生問題。所以，基本上，我對世界的了解，就花了很多的時間。例如，當我在香港參加數位經濟（Digital Economy）的演講時，一方面我是去演講，另一方面，我只要有空，就會坐在那邊，聽聽這個世界大家關切的是什麼？所以，整個世界在怎麼樣改變，我們一定要知道。

實質上，同樣的情形，我們也要留意公司內部是怎麼在變的；我可以感覺到說，公司有沒有信心？士氣好不好？抱怨多不多？我一定要知道。雖然，我不一定能夠了解非常多的細節，但是，我是一定要感覺到整個組織的氣氛。這些都是平常一個 CEO，要談再造的一個基本的準備。

還好，再造是一個過程。如果你看宏碁從天蠶變到勸退的案例，已經在蘊釀再造了；然後，到最後才是真正大規模的再造。整個宏碁集團真正發動完全的、有績效的再造是在劉英武總經理離開的時候：1992 年 4 月他辭職之後，我重新掌權。因為，他是從 IBM 的想法，很成功的公司的想法，很難以台灣所具備的創業精神，來經營宏碁。宏碁的企業文化是地方分權的概念，而 IBM 還是比較中央集權的，這裡面就產生了一些問題。不過，暖身的時候是他一起來暖身的；但是，到最後要發動，是我比較有效地發動。

實質上，整個這個過程裏面，是隨著實際的狀況在調整。比如說，宏碁最近這一次的再造，我們曾經想要在總部成立一個 Line of Business Manager，來貫穿所有的子公司。因為在再造的過程裏面，我們覺得品牌的管理應該是中央集權的（Global Brand），這個有共識了。但是，當涉及品牌的推廣，要去整合全球的策略力量的時候，我們就認為應該要有一個方法，將來在溝通各方面產品的時候，應該有人出來做整合；但是，還沒有推三個月就知道失敗了。

因為，這個做法和我們組織的「結合地緣」（Local Touch），就是每一個公司是獨立的公司，自己在做主；也就是地方當家做主，中央盡量虛擬的原則違背。因此，你要做把這個權力拿回來的動作，是比較無效的，也就是說沒有辦法推動的。品牌形象的管理權可以拿得回來，其他的就會有問題；因為，我是從每一個公司、每一個業務的營業額裏面抽稅，來支援品牌形象的推廣。所以，不單是我有理念，我還有錢；所以你如果順著總部的意思的話，你就有資源，我就補助你；如果你不順著總部的意思，你就沒有補助款了，你就得用自己的資源。

我們在再造過程中，確實是會發生這些問題；但是，應該先做溝通，在絕大多數的人都沒有形成共識前，不能硬幹。反過來說，如果大多數的人有共識的話，你一定要堅持。因為，實際上，沒有一個新的方向，是百分之百被滿意的；所以，是在這種情況之下來思考，整個來做必要地調整。

Q11 有些公司是透過自己開刀進行組織再造，有些則是透過外面的顧問公司，宏碁的經驗是什麼？

A　宏碁在第一次再造的時候，找了 McKinsey & Company（美商麥肯錫顧問公司）；在談了一段時間以後，我們就停了，由自己做再造；在第二次的研習會（Workshop）中，調整了一些方向，但是對於工作流程再造（Business Process Re engineering）的運籌（Logistics）流程，我們就找外力（也是麥肯錫顧問公司）協助。

主要的考量是：如果是細節的設計，就是一下子要改變，需要很多的人；由外面的專業團隊，來把這個架構跟細部的流程或者想法、制度建立好，是比較有效的。但是，如果要改變企業的文化，是內部所有的管理者，由上而下，整個要調整的；所以，這一些的工作就要靠自己，無法借重外力的。

比如說，在第一次的再造，都是我們自己在做；第二次，一些比較顧客導向（Customer Centric）、智慧財產（IP）、服務性的公司（Service Company）的方向及次集團方向的改變等等，是由我來主導的。也就是說，有很多是屬於內部管理的事情，你找顧問是幫不上忙的。宏碁和一般企業不同的是：我們的文化大概接受變是沒有問題的，知道要變也沒有問題，只要能夠講出一點道理來，大家都願意變；外力只是來幫忙你確定大方向不會走錯，執行還是要靠內部。

但是，當一個公司整個概念都不對的時候，就是對變有抗拒了，對新的方向有很大的阻力了，老闆雖然想變，實際上，阻力是很大的；這個時候，因為外來的和尚會念經，透過外力來說，可以表示權威的講法。所以，是藉外力於來溝通的；也就是說，外力使得組織更有理由來變。

所以，如果內部自動願意求變的時候，外力就不是那麼絕對的必要；外力是幫忙你說服做那個變的動作，跟一些流程的安排。但是，如果沒有一層一層的管理者願意來行動的話，是不可能靠外力來做再造。我們一定要有一個觀念：外力可以做為助力，但是，絕對不能做為再造的主力。

附　錄 1
施振榮語錄

1.

如果企業長期以借錢來擴張規模，固然可以在景氣熱潮中獲得較豐厚的利潤，但是一旦景氣低迷或運作不順，馬上就周轉不靈。

2.

專業能力 + 生意頭腦 = 無往不利

3.

決策者平日就必須對企業的毛利、營收金額、開銷費用，以及任何會影響生意模型和財務結構的決策，具有整體的概念。

4.

要保持財務健全度，我一直有個信念：「內部擠出來的錢，比外面找來的錢更健康。」

5.

如果客戶銷售狀況不好，我們不會供貨，否則等於是害了他們，這是為客戶著想。要推動這個制度，業務人員要非常了解每一個經銷商的狀況，而且要讓客戶知道我們是出於善意，他們才會接受我們的「雞婆」。

6.

生意人必須是「整套」的，必須把生意的整個循環，分門別類地分配成每個人的任務，執行的人也許只清楚屬於自己份內的任務，但決策者不僅要知其所以然，而且，前因後果都要了解得清清楚楚。

7.

資材管理是高度影響企業利潤底線的要素，如果我們不知道如何管理得比產業標準更好，那麼最好立刻放棄經營，否則結果必然損失慘重。

8.

和人一樣，企業的成長不只是高度和重量的增加，還包括思考和能力的發展。而組織的成長，比人類更為複雜，因為它不但需要個別成員的能力成長，也和組織運作的有效性息息相關。

9.

改革所考量的重點並非僅是短期的賺與賠，更重要的是未來的發展與整體效率的提升，我們要解決組織老化，以及調整新舊業務的結構性問題。

10.

宏碁有別於其他企業的特點是願意面對問題、不逃避問題，尋求有效解決方案。

11.

企業要成長，一定有許多策略可以選擇，但是一般人總是會選擇自己熟悉、已印證過的模式去發展。

12.

企業進行改革過程中，運用反向思考有助於突破瓶頸。

13.

宏碁改造工程最大的不同，是仍以原來的決策者與幹部為主導來做調整，因為我們運用反向思考發展出新的模式，並且以漸進的方式推動，任何措施都有緩衝時間，視情況與體質調整，以不傷及元氣為主。

附 錄 2
孫子名句及演繹

1.
用兵之法有散、輕、爭、交、衢、重、
圮、團、死地。

2.
諸侯自戰其地者，為散地。宜無戰。

3.
入人之地而不深者，為輕地。宜無止。

4.
我得則利，彼得亦利者，為爭地。宜無
攻。

5.
我可以往，彼可以來者，可交地。宜無
絕。

6.
諸侯之地三屬，先至而得天下之眾者，為
衢地。宜合交。

7.

入人之地深，背城邑變者，為重地。宜掠。

8.

山林、險阻、沮澤，凡難行之道者，為圮地。宜行。

9.

所由入者險，所從歸者迂，彼寡可以擊吾之眾者，為圍地。宜謀。

10.

疾戰則存，不疾戰則亡者，為死地。宜戰。

領導者的眼界 **12**

再造的時機與流程

光改變組織架構不足以解決問題

施振榮／著・蔡志忠／繪

責任編輯：韓秀玫　　封面及版面設計：張士勇

法律顧問：全理律師事務所董安丹律師

出版者：大塊文化出版股份有限公司

台北市105南京東路四段25號11樓

讀者服務專線：080-006689

TEL：(02) 87123898　　FAX：(02) 87123897

郵撥帳號：18955675　　　戶名：大塊文化出版股份有限公司

e-mail:locus@locus.com.tw

www.locuspublishing.com

行政院新聞局局版北市業字第706號

版權所有　翻印必究

總經銷：北城圖書有限公司

地址：台北縣三重市大智路139號

TEL：(02) 29818089 (代表號)　　FAX：(02) 29883028 9813049

初版一刷：2000年12月

定價：新台幣120元

ISBN 957-0316-48-9　　　　Printed in Taiwan

國家圖書館出版品預行編目資料

再造的時機與流程：光改變組織架構不足以
解決問題／施振榮著；蔡志忠繪 . —初版 . —
臺北市：大塊文化，2000［民 89］
　　　面；　公分 . — (領導者的眼界；12)
　　　ISBN957-0316-48-9　 (平裝)
　　　1. 企業再造

494.2　　　　　　　　　　　89018529

廣 告 回 信
台灣北區郵政管理局登記證
北台字第10227號

| 1 | 0 | 5 | 台北市南京東路四段25號11樓

大塊文化出版股份有限公司　收

地址：_____市／縣_____鄉／鎮／市／區_____路／街_____段____巷

弄_____號_____樓

姓名：

編號：領導者的眼界12　　書名：再造的時機與流程

讀者回函卡

謝謝您購買這本書，為了加強對您的服務，請您詳細填寫本卡各欄，寄回大塊出版 (免附回郵) 即可不定期收到本公司最新的出版資訊，並享受我們提供的各種優待。

姓名：　　　　　　　　身分證字號：

住址：_____

聯絡電話：(O)_____　(H)_____

出生日期：_____年_____月_____日　E-Mail：_____

學歷：1.□高中及高中以下　2.□專科與大學　3.□研究所以上

職業：1.□學生　2.□資訊業　3.□工　4.□商　5.□服務業　6.□軍警公教
7.□自由業及專業　8.□其他_____

從何處得知本書：1.□逛書店　2.□報紙廣告　3.□雜誌廣告　4.□新聞報導
5.□親友介紹　6.□公車廣告　7.□廣播節目8.□書訊　9.□廣告信函
10.□其他_____

您購買過我們那些系列的書：
1.□Touch系列　2.□Mark系列　3.□Smile系列　4.□catch系列　5.□天才班系列
5.□領導者的眼界系列

閱讀嗜好：
1.□財經　2.□企管　3.□心理　4.□勵志　5.□社會人文　6.□自然科學
7.□傳記　8.□音樂藝術　9.□文學　10.□保健　11.□漫畫　12.□其他_____

對我們的建議：_____

LOCUS

LOCUS